—零碳能源科普丛书—

探索太阳能的奥秘

总策划　李连江　苗青

丛书主编　宋登元　彭志红

主　编　宋登元　彭志红

河北大学出版社·保定

—零碳能源科普丛书—

探索太阳能的奥秘

TANSUO TAIYANGNENG DE AOMI

出 版 人：朱文富
选题策划：马　力
责任编辑：刘　婷
装帧设计：赵　谦
责任校对：耿兆飞
责任印制：闻　利

图书在版编目（CIP）数据

探索太阳能的奥秘 ／ 宋登元，彭志红主编 . —— 保定：
河北大学出版社，2020.10（2023.7重印）
（零碳能源科普丛书 ／ 宋登元，彭志红主编）
ISBN 978−7−5666−1691−3

Ⅰ．①探…　Ⅱ．①宋…　②彭…　Ⅲ．①太阳能发电−
普及读物　Ⅳ．① TM615−49

中国版本图书馆 CIP 数据核字 (2020) 第 171077 号

出版发行：河北大学出版社
　　　地址：河北省保定市七一东路2666号　邮编：071000
　　　电话：0312−5073019　0312−5073029
　　　网址：www.hbdxcbs.com
　　　邮箱：hbdxcbs818@163.com
印　　刷：保定市正大印刷有限公司
幅面尺寸：185 mm × 260 mm
字　　数：72千字
印　　张：6.5
版　　次：2020年10月第1版
印　　次：2023年7月第2次印刷
书　　号：ISBN 978−7−5666−1691−3
定　　价：29.80元

如发现印装质量问题，影响阅读，请与本社联系。
电话：0312−5073023

编委会

序一

随着人类社会不断发展进步，全球现代化进程也面临着能源枯竭、气候变暖、环境污染等严峻问题。习近平同志在党的十九大报告中指出，我们要建设的现代化是人与自然和谐共生的现代化，要加快建立健全绿色低碳循环发展的经济体系，构建清洁低碳、安全高效的现代能源体系。

北京师范大学保定实验学校、河北省凤凰谷零碳发展研究院、光伏材料与技术国家重点实验室联合编纂了"零碳能源科普丛书"。丛书通过通俗易懂的文字和生动有趣的插图，结合物理、化学、生物、地理、气象、自然等学科知识，向广大少年儿童介绍太阳能、氢能、风能、潮汐能、生物质能、地热能、空气能等零碳能源的开发、利用，以及此类能源在人类社会发展过程中的重要作用。

"零碳能源科普丛书"由《探索太阳能的奥秘》《探索氢能的奥秘》等若干分册组成。书中以深入浅出的语言和富有探究性的问题，寓趣味性、知识性、科学性于一体，让孩子们在阅读中更多地接触零碳能源科技成果和相关知识，旨在唤醒孩子们热爱自然、热爱科学的意识，启迪孩子们的智慧，提升孩子们对科学探究的热情，激发孩子们探索新能源领域科学的理想和潜能。可以预期，这对引导全社会传递绿色环保生态理念，加快推进我国生态文明建设，促进经济社会与生态环境的可持续发展，推动形成人与自然和谐发展现代化建设新格局，建设美丽中国，以及为人类进步做出中国贡献都具有重要的意义。

（北京师范大学教育学部高等教育研究院名誉院长，教授，博士生导师）

序二

    光伏材料与技术国家重点实验室、河北省凤凰谷零碳发展研究院和北京师范大学保定实验学校共同策划并组织编写了"零碳能源科普丛书"。我在可再生能源领域从业五十余载，一直致力于推动新能源与可再生能源科技产业的发展，我认为这是一件有价值、有意义、有情怀的好事情。

    国家主席习近平在第七十五届联合国大会一般性辩论上的讲话中宣布："中国将提高国家自主贡献力度，采取更加有力的政策和措施，二氧化碳排放力争于 2030 年前达到峰值，努力争取 2060 年前实现碳中和。"未来我们将付出艰苦卓绝的努力，而高比例使用可再生能源将成为必由之路。

    在可再生能源的科学普及工作中，科研机构、教育机构、社会组织以及科技企业需要共同投身到科普教育领域，要走在前面。"零碳能源科普丛书"的编写充分调动了科研机构、学校等社会力量，为公众全面地普及新能源与可再生能源知识提供了良好的学习素材。教育决定着国家的未来，青少年是未来社会发展的主力军。科普教育，不只在书本与课堂，希望广大教育工作者和科技工作者将绿色发展的理念、人与自然和谐共生的愿景、科学治理环境的精神、携手面对生态挑战的追求渗透在青少年的日常教育中，让青少年成为未来可再生能源的倡导者和使用者。

功在当代，利在千秋。让子孙后代"能遥望星空、看见青山、闻到花香"是习近平总书记绿色发展理念的美好愿景，"零碳能源科普丛书"的第一本科普读物《探索太阳能的奥秘》即将与大家见面了！期望每一位编者"不忘初心，以人为本"，坚守严谨、求实、高效和前瞻的原则，在新能源与可再生能源发展的科普和实践中，不断总结经验、坚持真理、修正错误，进一步完善"零碳能源科普丛书"的内容，努力扩大影响力，为中国新能源与可再生能源发展贡献力量，也为实现中华民族伟大复兴的中国梦增添一抹亮丽的色彩。

（国务院原参事，中国可再生能源学会原理事长）

序三

在进行工作考察时，听闻光伏材料与技术国家重点实验室主任宋登元教授正在主编一套适合中小学生的"零碳能源科普丛书"，我感到非常惊喜，并深受感动。

近年来，我一直负责新能源政务工作，作为清洁能源发展的见证者和亲历者，我深知零碳能源对低碳城市发展的重要意义。中华民族向来尊重自然、热爱自然，绵延五千年的中华文明孕育着丰富的生态文化，人类与自然环境的关系影响着环境质量与人民福祉。因此，践行习近平总书记提出的"绿水青山就是金山银山"的理念，发展零碳能源，建设生态文明的宜居城市，是中华民族永续发展的根本大计。

太阳能、风能、氢能、水能、可燃冰、地热能等新能源与零碳能源在城市发展中发挥了重要作用。非常期待由光伏材料与技术国家重点实验室及河北省凤凰谷零碳发展研究院的光伏领域技术专家、北京师范大学保定实验学校优秀骨干教师参与编写，由河北大学出版社出版的丛书中的第一本科普读物《探索太阳能的奥秘》的面世！太阳能是一种清洁、无污染的绿色零碳能源，是大自然赐予人类的珍贵礼物。人类不仅依靠太阳能生存，而且通过太阳能发热技术、太阳能发电技术将太阳能应用于与人类息息相关的各行各业。

非常感谢科技工作者和教育工作者倾力编写这本太阳能科普读物。孩子是祖国的未来，是国家生态城市的未来创造者和接班人，希望本书以课堂、实践活动、科普示范的形式把清洁能源、绿色环保以及能源革命的相关知识、理念和创新成果种植在少年儿童心中，让节能环保的意识、绿水青山的愿景、创新创造的科学精神伴随孩子们的成长，让国家绿色事业实现可持续发展。

（零碳领域专家，保定市发展和改革委员会副主任）

前言

　　随着社会经济的迅猛发展，全球面临着能源短缺、气候变暖、冰川融化、海平面上升、生物灭绝等能源和环境问题。因此，发展太阳能、生物质能、风能、水能、氢能、地热能等零碳能源是实现可持续发展的必由之路。为了加快能源科研成果和节能低碳理念在广大中小学生中的传播，努力让科学研究和科学传播并蒂开花，编写青少年能源科普读物、组织中小学生开展科普活动是教育工作者和科技工作者义不容辞的责任和义务。

　　太阳能是一种环保、无污染、零碳的洁净能源，可以为人类提供源源不断的绿色电力。我国在太阳能利用方面一直保持着国际领先地位，并逐渐成为太阳能等新能源利用的大国。随着太阳能领域的快速发展，在进行太阳能发电、制造及应用领域人才培养的同时，迫切需要在中小学普及太阳能发电及应用知识。为提升中小学生对太阳能发电及制造过程的兴趣，激发中小学生未来在我国新能源领域进行科学研究的理想，光伏材料与技术国家重点实验室、北京师范大学保定实验学校、河北省凤凰谷零碳发展研究院充分发挥各自优势，本着让更多孩子认识、了解零碳能源，传递绿色环保理念的愿景，联合编写了面向中小学生的"零碳能源科普丛书"——《探索太阳能的奥秘》。

"零碳能源科普丛书"——《探索太阳能的奥秘》是一本面向中小学生的太阳能领域科普读物。本书以最前沿和权威的太阳能领域相关知识和数据为基础，通过深入浅出的语言和生动有趣的插图，向读者介绍了万能的太阳光，光伏现象的产生，太阳电池和组件的构造及光伏产品在陆地、水上、太空等多个场景的应用，形成一部成体系、全方位、深入介绍光伏领域知识的科普读物。

本书旨在普及新能源知识、倡导节能减排理念，图文并茂，兼具知识性与趣味性，科学概念准确，构思科学，结构合理，使读者能够全面地了解太阳能发电的科学原理，适合所有对环境保护感兴趣的读者阅读。阳光无国界，我们有责任和义务把阳光转化成能源，服务全人类。

另外，由于编者水平和知识有限，书中难免有疏漏的地方，希望广大读者多多批评指正。

编委会

目录

第一章
万能的太阳光

导读

　　太阳是最重要的自然光源，太阳光是地球表面的主要能量来源，因此太阳光被称为"世界之灯，宇宙之光"。太阳光普照大地，使整个世界姹紫嫣红、万物生辉，地球上的能量或直接或间接都是由太阳光供给的，因此人们也把太阳比作"大地的母亲"。太阳光中的紫外线具有很强的杀菌能力，可以杀死细菌和一些病毒。太阳光还可以为我们提供光亮、促进消化、有利于儿童的成长发育。我们生活在地球上，太阳光对我们的影响无处不在。那么，太阳光是一种怎样的物质，有哪些特性呢？你对太阳光的了解有多少呢？让我们和光能小卫士一起探索太阳光的奥秘吧！

1　神奇的太阳光

 想一想

清晨和傍晚，在日出和日落时，天空中常会出现五彩缤纷的彩霞，如图1-1所示。这些美丽的霞光来自哪里呢？雨过天晴，天空中会出现美丽的彩虹，这是为什么呢？让我们一起来探究吧！

图1-1　晚霞

光的直线传播

有雾的天气，阳光透过树叶或云层的缝隙沿直线射到地面；从汽车前灯射出来的光束是直的；电影放映机射向银幕的光束也是直的，如图1-2所示。这些现象有什么共同特点呢？

以上现象表明，光在空气中是沿着直线传播的。那么，光在

图1-2　电影放映机光束射向银幕

液体中是不是也是沿着直线传播呢？让我们通过实验来探究一下吧！

做一做

在装有水的玻璃容器中滴几滴牛奶，用激光笔将一束光射到水中，观察光在水中的传播路径。如图1-3所示。

图1-3　光在液体中的传播

结果表明，光在空气、水、玻璃中都是沿直线传播的。空气、水、玻璃等透明物质都可以作为光传播的介质，**光在同种均匀的介质中沿直线传播。**

为了表示光的传播情况，用一条带有箭头的直线表示光的传播路径和方向，这样的直线叫作**光线**。如图1-4所示。

图1-4　光线

白天，在阳光下，我们可以看到各种各样的影子；晚上，在月光和灯光下，我们也可以看到各种各样的影子：树影、人影、车影……

影子是怎样形成的呢？你能用光沿直线传播的知识解释吗？

光的反射

光沿直线传播，遇到一些物体时会改变传播方向，光改变传播方向的方式之一就是反射。我们能够看见书本、黑板以及其他不发光的物体，就是因为物体反射的光进入了我们的眼睛，如图1-5所示。生活中，你还见到过哪些光的反射现象？

我们为什么能够看见不发光的物体？

图1-5 光的反射

 做一做

光是怎样照亮物体的？ 我们一起动手试验一下吧！

坐在教室里，用一面小镜子对着窗外射进的阳光，转动镜子，你在墙上看到了什么？光是怎样反射到墙上的？

一束平行光照射到光滑的镜面上后，会被平行地反射出去，这种反射叫作镜面反射。而当一束平行光照射到凹凸不平的表面（如黑板等），会向四面八方反射出去，这种反射叫作漫反射。如图1-6所示。

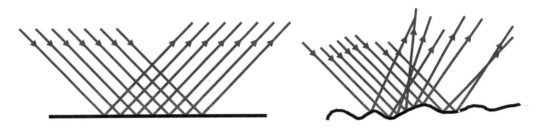

图1-6　光的镜面反射（左）和漫反射（右）

光的折射

鱼儿在清澈的水中游动，我们用肉眼可以看得很清楚。然而，顺着看到鱼的方向去叉它，却又叉不到，这是什么原因呢？

将铅笔插入盛有水的烧杯中，如图1-7所示，你看到了什么现象？和同学们交流一下吧。

图1-7　铅笔在水中的折射现象

光从一种物质射向另一种物质时，有一部分光线在介质表面发生反射，而另一部分光线在射入介质时传播方向一般会发生变化。光射入另一介质传播方向发生变化的现象，我们就把它叫作**光的折射**。

🌄 光的色散

雨后，天空中会出现美丽的彩虹，如图 1-8 所示。彩虹是怎样形成的呢？太阳光是不是颜色单纯的光？

图 1-8　彩虹

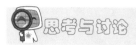

把一束太阳光射到三棱镜上，从三棱镜射出的光有什么变化呢？我们一起来看一看吧！

我们日常见到的太阳光是白光，它通过棱镜后会被分解成为各种

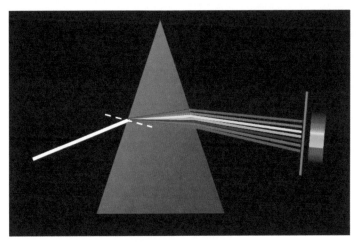

图1-9　光的色散

颜色的光，这种现象叫作**光的色散**。如图1-9所示，如果我们用一个白屏来承接，在白屏上就会形成一条彩色的光带，颜色依次是红、橙、黄、绿、蓝、靛、紫，白光是由各种色光混合而成的。

把不同颜色的光，按红、橙、黄、绿、蓝、靛、紫的顺序排列起来就得到太阳的可见光谱，如图1-10所示。

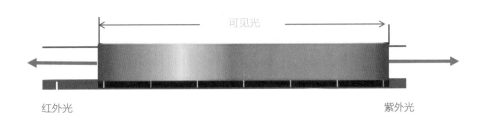

可见光

红外光　　　　　　　　　　　　　　　　　　　　　　　紫外光

图1-10　太阳的可见光谱

2　太阳光中的"能量球"

　　我们常常看到这样的一些现象：肥皂泡膜在阳光下呈现出五彩斑斓的色彩，如图 2-1 所示；水面上的油膜呈现出鲜艳的彩色条纹。肥皂泡膜和油膜本身是无色的，为什么会呈现出如此美丽的颜色呢？光究竟是什么呢？让我们一起来探究一下吧！

图 2-1　五彩斑斓的肥皂泡

☀ 光的波动性

　　在酒精灯的灯芯上撒一些食盐，灯焰就能发出明亮的黄光。把铁丝圈在肥皂水中蘸一下，让它挂上一层薄薄的肥皂泡膜。把这层液膜当作一个平面镜，用它观察灯焰的像，如图 2-2 所示。这个像与直接看到的灯焰有什么不同？

图 2-2　灯焰在肥皂泡膜上所成的像

　　灯焰的像是肥皂泡膜前、后两个面反射的光相互叠加形成的。竖直放置的肥皂泡膜受到一个向下的作用力，使膜下面厚、上面薄，因此在膜上不同的位置反射出来的两个光波相互干涉。

　　当太阳光照射在肥皂泡膜的表面时，会分别被薄膜的上、下两个表面反射。因此，一束光就变为两束相互重叠的反射光线。太阳光是由红、橙、黄、绿、蓝、靛、紫 7 种色光组成的可见光，肥皂泡膜在各处的厚度不均匀，阳光中的 7 种色光，在肥皂泡膜厚度不同的地方，就会出现有的加强，有的减弱，有的甚至相互抵消的现象。在色彩上，肥皂泡膜上有的区域呈现出红色，有的区域呈现出蓝色，有的区域呈现出绿色，有的区域又会呈现出其他颜色。这样，肥皂泡膜把阳光分解出不同的颜色。

　　不仅肥皂泡膜会产生这样的现象，只要有光线射入，其他透明薄膜也会产生类似的现象。例如，水上的油膜、蜻蜓的翅膀等，在阳光的照射下都会呈现出缤纷的色彩。

　　以上现象是由光的波动性产生的。物理学家研究表明，光波像池塘里的水波一样，具有波动性。向池塘的水里投两颗石子，产生的涟漪相遇，相互干涉，形成了美丽的干涉条纹，如图 2-3 所示。如果仔细观察，还会发现这些水波某些位置处的振动一直加强，而另一些位置处的振动却一直减弱。

图 2-3　水波

光的粒子性

 思考与讨论

　　1. 用紫外光照射擦得很亮的锌板，你看到了什么现象？

　　2. 用与丝绸摩擦过的玻璃棒去靠近锌板，你又看到了什么现象？

　　3. 这些现象说明了什么问题呢？

英国著名物理学家 J. J. 汤姆逊通过实验研究发现，照射到金属表面的光能使金属中的电子从表面逸出，如图 2-4 所示，这就是著名的光电效应，这种逸出的电子常被称为光电子。

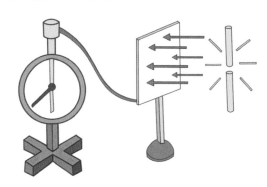

图 2-4　观察光电效应

之后，爱因斯坦光电效应理论揭示了光具有粒子性。也就是说，在空间中传播的光不是连续的，而是一份一份的光子（能量球）组成的，如图 2-5 所示。

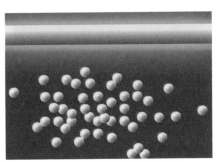

图 2-5　光的粒子性

每一个光子携带一定的能量，当一个光子照射到某些半导体表面时，相当于将携带的能量给了该物质中的电子。电子吸收光子的能量后，动能立刻增加；如果电子动能增大到足以克服原子核对它的引力，就能在很短的时间内飞逸出半导体表面，成为光电子，光电子定向移动形成光电流。这就是光的粒子性。

3 把生物叫醒

 想一想

绿叶海天牛是一种生活在海里的小生物，如图 3-1 所示，它们可以从藻类中"偷取"让植物收获太阳能的分子引擎（叶绿素分子）。绿叶海天牛可以将称为叶绿体的"迷你机器"吸收到皮肤中，身体也因此变成翠绿色。这种 2.5～5 厘米长的小动物还能进行光合作用，使二氧化碳和水转化为维持生存的营养物质。因此，只要晒晒太阳，它就可以不必进食达 9 个月或更久。

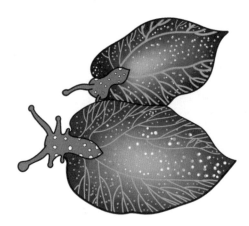

图 3-1 绿叶海天牛

什么是光合作用呢？为什么绿叶海天牛晒晒太阳就能填饱肚子呢？关于这个问题，让我们一起来探究吧！

光合作用实质上是绿色植物通过叶绿体，利用光能，把二氧化碳

和水转化成储存能量的有机物（如淀粉），并且释放出氧气的过程。
如图 3-2 所示。

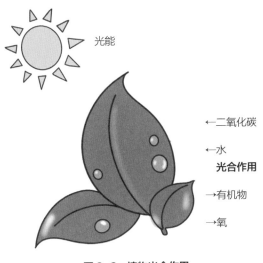

图 3-2 植物光合作用

实验展示

1771 年，英国科学家普利斯特里做了一个有名的实验，如图 3-3
所示。

图 3-3 普利斯特里光合实验

实验步骤

第一步，把一支点燃的蜡烛放到密封的玻璃罩里，蜡烛不久就熄灭了。

第二步，把一只小白鼠放到密封的玻璃罩里，小白鼠很快死亡了。

第三步，把一盆植物和一支点燃的蜡烛一同放到密封的玻璃罩里，发现蜡烛没有熄灭。

第四步，把一盆植物和一只小白鼠一同放到密封的玻璃罩里，发现小白鼠也能够正常活着。

 实验结论

实验表明，植物能够更新由于蜡烛燃烧或动物呼吸而变污浊的空气。

实验展示

比利时化学家海尔蒙特曾经做过一个著名的实验，如图3-4所示，他把一棵2.5千克的柳树苗种在盛有100千克土的木桶里，在这之后，只用雨水浇灌。5年后，柳树质量增加了80多千克，而土壤只减少了100克。

图 3-4　海尔蒙特光合实验

同学们还能想到哪些光合作用的"果实"呢？怎样才能让它们变成餐桌上的美食呢？

植物体内的光合作用

植物光合作用分为光反应、暗反应两个过程。光反应是通过叶绿素等光合色素分子吸收光能，将光能转化为化学能和电能。暗反应在叶绿体基质中进行，固定二氧化碳，合成有机物。

4　大自然的暖宝宝

想一想

我们的一切能量都来源于太阳。因为有了太阳，植物才能进行光合作用，动物和人类才能获得食物，得以生存。太阳光中不仅有"能量球"，太阳光还是大自然的暖宝宝。同学们有没有发现，衣服晾晒在太阳底下更容易变干呢？如图 4-1 所示。这是因为太阳是地球最大的光源和热源，太阳在发光的同时还发出热量。

图 4-1　晾晒衣物

在我国沿海地区有很多盐场，通过圈围海水的方式，使海水在太阳下暴晒，蒸发掉水分后，逐渐结晶形成固态的盐。这是利用太阳光的热能来晒盐，如图 4-2 所示。

图 4-2　海水晒盐

实验展示

太阳光的强弱和温度有什么关系吗？让我们一起来探究吧！

我们取一面小镜子，将太阳光反射到温度计的液泡上，如图 4-3 所示，记录温度计的示数变化。然后逐渐增加镜子的数量，又会出现怎样的现象呢？镜子的数量逐渐增加，我们怎样摆放这些小镜子，才能让每面镜子都将太阳光反射到温度计的液泡上呢？

图 4-3　镜子反射太阳光

实验结论

镜子数量越多，反射到温度计上的光就越强，温度计接收到的热量就越多，温度就越高。

同学们想一想，通常我们如何将太阳光聚集起来呢？前面我们是将小镜子摆成了一个弧形，将太阳光聚集于一点。而常见的放大镜，也是同样的原理。放大镜实际上是凸透镜，它可以把光线会聚起来，形成强光和高温，如图4-4所示。

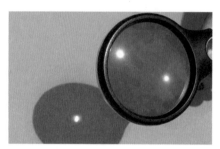

图4-4　凸透镜

同样的，凹透镜也可以将阳光会聚到一点，这一点的光很强，温度很高。太阳灶和火种采集就是利用了凹透镜的原理，充分利用太阳光的资源，如图4-5、4-6所示。

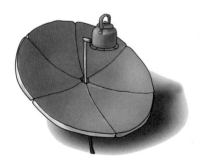

图4-5　太阳灶　　　　　　　　　　图4-6　火种采集

思考与讨论

我们还有什么办法从太阳那里获得光和热呢？让我们用一个小实验来验证一下。

我们将面积相同、颜色不同的纸置于阳光下，如图 4-7 所示，分别在 0、5、10、15 分钟测量一下纸的温度，可以发现什么结果呢？

图 4-7　不同颜色与温度的关系

我们发现，纸的颜色越深，升温速度越快。

那么我们再将面积相同的黑纸，在阳光下水平放置、直立放置以及与太阳光垂直放置，如图 4-8 所示，分别在 0、5、10、15 分钟测量一下纸的温度，可以发现什么结果呢？

图 4-8　不同摆放方式与温度的关系

我们发现，黑纸与太阳光垂直摆放时，升温速度最快。这也就是家用的太阳能热水器倾斜放置的原因。如图 4-9 所示。

图 4-9　太阳能热水器倾斜摆放

太阳能热水器是将太阳光能转化为热能的加热装置，将水从低温加热到高温，以满足人们在生活、生产中的热水使用需求。

 做一做

我们可以利用身边的材料，来制作简易的太阳能热水器。快递盒子、塑料瓶子作为太阳能热水器的主体，棉花是保温材料，锡箔纸和黑色塑料纸用来增强吸热能力。我们从升温效果、保温效果、成本、外观等方面比较，看看谁的太阳能热水器性能更优良吧！

第二章
太阳电池的神奇问世

　　太阳东升西落从不间断，每天都兢兢业业地为地球提供着光照和热量，地球上动植物的生命活动都与之密不可分。而且，太阳能作为环保、无污染、零碳的清洁能源，在我们的日常生活中扮演着重要的角色。那么，我们都是如何利用太阳能的呢？

　　除了利用光热转换制作太阳能热水器、太阳能暖房等，还可以利用光电转换制作"太阳电池"，将光能转化为电能，为我们的日常生活供电。

　　在本章中，太阳电池的制作将成为我们关注的重点。太阳电池是什么样子的？制作它的原材料是什么？太阳电池又是如何将光能转化为电能的？让我们和光能小卫士一起揭秘神奇的太阳电池吧！

5 沙子怎样变"废"为宝？

这一节，我们主要介绍与太阳电池的基础原材料"硅料"相关的知识。硅料中的"硅"到底是什么呢？硅料为什么能用于制作太阳电池呢？硅料又是如何获得的呢？

多才多艺的"硅元素"

我们的世界多姿多彩，充满了各种奇妙的物质。教室里的桌椅黑板、操场上的树木草坪、同学们手边的铅笔文具——仅仅是我们的身边，就能看到几百种形态各异的物体，那教室外广阔的自然界中存在的物体就更多了。如果说这成千上万种的物体全部是由一百多种最简单的基本组分组成的，同学们会不会觉得很惊讶呢？同一组积木，改变思路就可以拼搭成不同的造型；相同的汉字，调换顺序就可以组合成意义完全不同的语句；简单的音符，改变它们的排列组合就能演奏出风格各异的曲子。类似的，我们的世界也是由一些最简单的基本组分组成的，它们不同的排列组合形成了不同的物质，这些物质构成了自然界中的各种物体。我们将这些基本组分称为"元素"。

在这一百多种元素中，有一些是同学们经常见到或听到的。例如，我们赖以生存的氧气是由氧元素组成的；可以用来生火的煤炭和同学们常用的铅笔芯是由碳元素组成的；纯净的水和冰都是由氢元素和氧元素联合组成的；生活中常见的一些金属制品主要是由相应的金属元素（铜、铁以及铝等）组成的。如图 5-1 所示。还有一些元素是同学们经常见到但可能并不知晓名字的，组成硅料的硅元素即为其中之一。

水：氢 + 氧

铅笔芯：碳

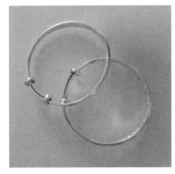
银镯：银

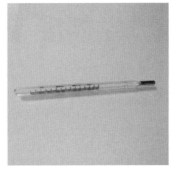
温度计内部：汞（有毒）

图 5-1 组成世界的基本组分——元素

硅元素在自然界的含量很高。在地壳中，硅元素的含量排名第二，仅次于排名第一的氧元素。地壳本身主要是由含硅的岩石层构成的。玛瑙、石英、水晶和云母，它们的主要成分中都含有硅。硅在我们的日常生活中也占有十分重要的地位。高楼大厦、玻璃、陶瓷、光纤电缆，它们的成分中都有硅的存在。如图5-2所示。

图5-2　硅在日常生活中的广泛应用

电视、手机和计算机都是我们熟悉的物品，为我们的生活增添了很多便利和乐趣。除此之外，它们还有另外一个共同点——它们内部很多重要的电子器件都和太阳电池一样，是用高纯度的硅料制成的，主要成分为硅元素。如此看来，硅元素真是多才多艺呀。那么，硅元素为什么能有这种本领呢？这关键在于硅元素奇特的导电性能。

"半导体"简介

同学们都知道，电在我们的日常生活中扮演着不可或缺的角色。电灯能够照明，电视能够播放画面，都离不开电的支持。电线能够输送电能，是因为电线内芯具有较强的导电能力。我们将导电性能较好的材料称为"导体"。为了尽量避免触电事故的发生，电线的外皮必须用不能导电的材料制作。我们将导电性能较差的材料称为"绝缘体"。导体就如同一条河道宽广的河流，没有阻碍，运送电能的"小船"可以顺畅行驶，如图5-3所示；绝缘体就如同布满漩涡或暗礁的险滩，在绝缘体中，运送电能的"小船"只能原地打转甚至纹丝不动，无法将电能运送到目的地，如图5-4所示。

图5-3 导体中自由航行的运电"小船"　　　图5-4 绝缘体中寸步难行的运电"小船"

有一类材料的导电能力介于导体和绝缘体之间，我们称之为"半导体"。硅材料就是一种很常见的半导体。半导体的导电能力很容易受到外界条件的影响。例如，光照、升温或者在硅元素中掺入其他元素，都会让硅材料的导电能力发生变化。就像是给原本无法移动的"小船"安装了强力马达，又好似提高了水面的位置，帮助运送电能的"小船"摆脱束缚，自由行驶。

"正电荷"与"负电荷"

说到这里你可能会好奇，电能是以怎样的形式传输的呢？这里我们就要引入"电荷"的概念了。我们用电荷来描述物体所带的电。物体带电，也可以说成是物体带有了电荷。运送电能的"小船"，其实运载的就是电荷。同学们都知道摩擦起电吧？用丝绸摩擦玻璃棒，丝绸和玻璃棒就都带了电；用毛皮摩擦橡胶棒，毛皮和橡胶棒也都会带电。那么，玻璃棒和橡胶棒经过摩擦之后所带的电荷是一回事吗？答案是否定的。

同学们见过验电器吗？将一颗金属球与金属杆相连接，金属杆的下端挂两个薄薄的金属片，再将金属杆的下半段和金属片封装在玻璃瓶里，就构成了一个简单的验电器，如图5-5所示。用带电的玻璃棒去触碰金属球，你会看到金属杆下端的两个金属片张开了一个角度。再用带电的橡胶棒去接触金属球，已经张开的角度会向回闭合。也就是说，玻璃棒和橡胶棒所带的电荷，对验电器的叠加影响是会互相抵消的。我们将玻璃棒所带的电荷称为"正电荷"，将橡胶棒所带的电荷称为"负电荷"。因此，前面提到的运送电荷的"小船"，其实也分为两种，一种只能运送正电荷，另一种只能运送负电荷。

图5-5 验电器示意图

 "P型硅""N型硅"与"PN结"

前面提到，在硅元素中掺入其他元素，会让硅材料的导电能力发生变化。其实发生变化的不只是硅材料的导电能力，材料中运送电荷的主力也会受到影响。没有掺杂其他元素的硅材料中，能自由运输正电荷和负电荷的"小船"都很少。在硅材料中掺入"硼"元素后，能够自由运送正电荷的"小船"会大量增加，此时的硅材料被称为"P型硅"。在硅材料中掺入"磷"元素后，能够自由运送负电荷的"小船"会大量增加，此时的硅材料被称为"N型硅"。那么，如果在一块P型硅的下半部分中掺入远多于硼元素的磷元素，又会发生什么呢？答案是，掺入大量磷元素的那部分P型硅会转变为N型硅，并在P型硅与N型硅的交界处形成一个特殊的过渡层，我们称其为"PN结"。如图5-6所示。

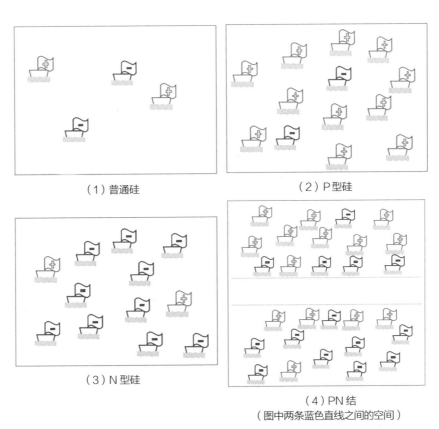

（1）普通硅 （2）P型硅

（3）N型硅

（4）PN结
（图中两条蓝色直线之间的空间）

图5-6 P型硅、N型硅与PN结（蓝色加号代表正电荷、红色减号代表负电荷）

PN 结是太阳电池的基础。正是由于 PN 结的存在，太阳电池才能在光的照射下发挥电池的作用。也正是由于硅材料能够在其他元素的帮助下形成 PN 结，硅料才能够成为制作太阳电池以及众多电子器件的原料。

硅料从何而来

最后，我们来探究一下硅料是从何而来的。同学们有没有去海边玩过沙子呢？硅料就是以沙子为原料制造而成的。聪明的你可能会产生疑问，含硅的物质那么多，我们为什么非要选择沙子来作为原料制造硅料呢？一方面，是因为沙子的来源简单并且价格低廉；另一方面，是由硅料的制造方法决定的。沙子的主要成分为氧元素和硅元素。科学工作者们充分利用沙子的各种特性，发明了几种特殊的方法来将沙子中的硅和氧分离。被分离出来的硅再经过提纯加工，就形成了高纯硅料。制作方法不同时，获得的高纯硅料外观也不同，可以是颗粒状的，可以是棒状的，也可以是块状的。

图 5-7　硅料从何而来

　　然而，没有磷元素或者硼元素的帮助，硅料自己是无法形成PN结的。因此，在被用来制作成太阳电池之前，我们还需要对硅料做进一步的加工处理。下一节，我们将讲述如何将硅料加工为多晶硅锭和单晶硅棒，以及这两者之间的主要区别。

思考与讨论

运送正电荷和运送负电荷的"小船"有关联吗？

　　P型硅中，运送正电荷的"小船"其实有自己的名字——"空穴"；N型硅中，运送负电荷的"小船"同样有自己的名字——"电子"。带有负电荷的电子和带有正电荷的空穴是一对好朋友，它们总是成对出现。当它们手牵手站在一起时，正电荷和负电荷彼此中和，物体是不会显出带电性的。但是，当它们受到外界条件的影响，彼此分离时，情况就不一样了。用丝绸来摩擦玻璃棒时，玻璃棒上的许多电子会去丝绸上"做客"，它们的朋友空穴则被留下"看家"，这样一来，丝绸上就带有了负电荷，玻璃棒上就带有了正电荷。用毛皮来摩擦橡胶棒时，毛皮上的电子去了橡胶棒上"做客"，空穴被留下"看家"，因此毛皮上就带有了正电荷，橡胶棒上则带有负电荷。在P型硅中，有大量空穴可以自由移动，所以就担起了运送电能的重任；相反的，在N型硅中，空穴受到束缚，电子能自由移动，所以N型硅中电子是运送电能的主力。

6 多晶硅锭和单晶硅棒的区别

硅料本身既非 P 型硅，也非 N 型硅，因此无法形成 PN 结，也就不能被直接用来制作成太阳电池。为了解决这一问题，我们需要将硅料铸造为多晶硅锭或单晶硅棒，并在铸造过程中邀请磷元素或者硼元素的参与。那么，具体的铸造过程是怎样的呢？多晶硅锭和单晶硅棒又有什么区别呢？"多晶"和"单晶"又是什么意思呢？

多晶硅锭与单晶硅棒的制造方法

同学们见过画糖人的手艺吗？做糖人的师傅先将糖放在炉子上熬化，再用汤勺将熬好的糖汁舀起来倒在石板上，画出造型。待糖汁冷却凝固之后，将糖画铲起来，粘上竹签，一幅好看又好吃的糖画就完成了。硅料被加工为硅锭或硅棒的过程其实与画糖人的过程有点儿相似。首先，我们需要将硅料和硼元素或者磷元素一起放在如图 6-1 所示的结实容器里。还记得硼元素和磷元素吗？它们可以帮助硅材料形成 P 型硅或是 N 型硅。之后，我们将这一"锅"硅料放在特制的炉子里"熬"成液体。在这一过程中，硼元素和磷元素就像洒在汤里的食盐一样，会大致均匀地分散到整"锅"硅液中。最后，我们再小心地控制硅液按特殊的方式冷却，一块硅锭或一根硅棒就诞生了。

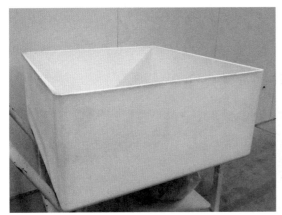

图 6-1　盛装硅料的容器——坩埚

正如吹出来的糖人和画出来的糖人各有特色一样，硅液冷却方式的不同，也会使得硅锭和硅棒的外观有很大差别。

多晶硅锭是个大块头，如图 6-2 所示。立方体的多晶硅锭重量可达 1 吨，相当于 40 袋大米或 15 名成年人的总重，或者一辆轻型小汽车的重量。而且随着技术的进一步发展，多晶硅锭的重量可能还会继续增加。

图 6-2　"重磅"多晶硅锭

单晶硅棒是一根圆柱子，重量要比多晶硅锭轻很多，外表光滑明亮，两端各有一个尖角，如图 6-3 所示。

图 6-3　单晶硅棒

"多晶"与"单晶"的区别

为什么要采用不同的硅液冷却方式来制作多晶硅锭和单晶硅棒呢？这是为了能分别获得"多晶"硅和"单晶"硅。"多晶"和"单晶"又是什么意思呢？原来，它们是用来描述材料内部结构的。

同学们知道撒哈拉大沙漠吗？或者去过海边的沙滩吗？那样广阔的沙漠和连绵不断的沙滩，竟都是由无数细小的沙粒组成的。硅材料也是由一个个很小的粒子组成的。我们将这种很小的粒子称为硅"原子"。其实不仅是硅材料，这世界上的所有物体都是由原子组成的。每种元素对应着一种原子种类。例如，硅元素对应的原子被称为硅原子，氧元素对应的原子就被称为氧原子。原子究竟有多小呢？沙粒尚可以被放在手心由人眼观察，单个的原子却微小得完全无法被人的肉眼看到。大家都知道哪些计数单位呢？个、十、百、千、万、亿，一粒细沙中包含的原子数目甚至远超几亿，要用比亿还要大很多倍的单位才能描述。

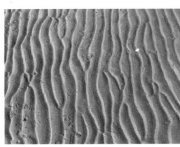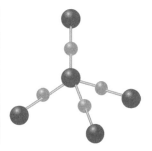

图6-4　沙滩与原子

这么多的原子，在物体中是如何排列分布的呢？有些物体中的原子排列不够整齐，有些物体中的原子排列却非常有序。如图6-5所示。我们将后一种原子排列十分有序的物体称为"晶体"。不同晶体中的原子所排列的队形是不一样的，有些简单，有些却很复杂。多晶硅锭和单晶硅棒中的硅原子排列就十分有序，它们都属于晶体，我们分别称之为"多晶硅"和"单晶硅"。

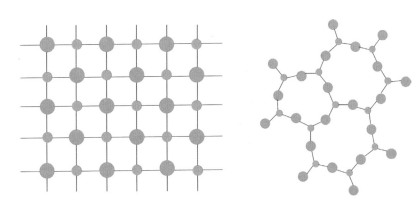

图6-5　晶体和非晶体的区别——有序和无序

那么，多晶硅和单晶硅又有什么区别呢？同学们在做早操时都排过队吧？是每个班级各站一队，还是所有班级统一组成一个方队呢？人数越多，队伍想要排列整齐难度就越高。这时候，站在前几排的同学就尤为重要。试想如果前几排就站歪了，那后面的队伍就会越来越歪。

多晶硅中的硅原子就好比是分班级站队的同学们。每个班级的队伍都十分整齐，但是班级之间的站位却没有人来统一协调。有的班级面朝东方，有的面朝西南方，还有的面朝北方。如果班级之间距离远还看不出什么，但如果距离近，在各队的交界处就会显得很混乱。多晶硅中的硅原子就像班级站队一样分出了很多小队，不同的小队被称为不同的"晶粒"，晶粒的交界则被称为"晶界"。如图6-6所示。

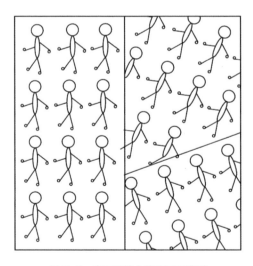

图6-6　多晶硅锭中的硅原子排列

单晶硅中的硅原子排列则好比是一个统一的方队，所有硅原子都站成了一支队伍，形成了一个单一的巨大晶粒，因此被称为单晶硅。

单晶硅棒中是不存在晶界的。将单晶硅棒和多晶硅锭切开之后，可以清楚地看到两者之间的差异。单晶硅棒的横截面上看不到任何花纹，多晶硅锭的横截面上则可以看到很多晶界，这就是它们最主要的区别了。如图 6-7 所示。

图 6-7　单晶硅棒（左）与多晶硅锭（右）的横截面

尽职尽责的领队——"籽晶"

为什么单晶硅棒中的硅原子就能做到排列得如此统一、整齐呢？同学们在站队时有校长和老师做指挥，单晶硅棒中的硅原子又是受到了谁的指挥呢？答案是，受到了"籽晶"的指挥。如图 6-8 中左图所示，籽晶是一块体积很小的单晶硅，长度 150 毫米左右，其实就是一些已经排好队的硅原子。硅液逐渐冷却为硅锭或硅棒的过程，其实就是液体中的硅原子逐批站队的过程。籽晶充当了队伍中的前几排，后面的硅原子会按照前几排的站位依次找到自己的位置，最后形成的队形自然就能与籽晶保持一致了。换句话说，整根单晶硅棒就是一个巨大的晶粒，这个晶粒中原子排列的队形与籽晶中的原子队形是相同的。图 6-8 中右图可以大致表示单晶硅棒的凝固过程——金色框线内是属于籽晶的硅原子，相当于领队，蓝色框线内是参照籽晶队形站好位置、已凝固为单晶硅的硅原子，红色框线内是尚未凝固的硅液中的硅原子。

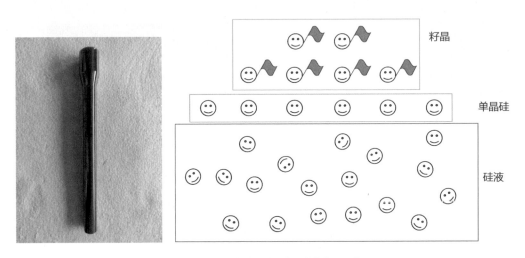

图 6-8　单晶硅棒制造过程中的总指挥——籽晶

　　单晶硅棒的制造过程之所以与多晶硅锭不同，就是为了保证籽晶能起到最好的指挥作用。慢工出细活，在铸造单晶硅棒的过程中，我们要给硅原子充分的时间来站队，硅液冷却的速度必须要慢一些。因此，单晶硅棒的铸造比多晶硅锭更加费时，对熔炉等各种设备的要求也更高。当然，有付出就有回报。由于单晶硅棒中的硅原子排列整体都十分整齐，因此在太阳电池中单晶硅棒的表现会比多晶硅锭更加优秀，价格也会更高一些。

 知识拓展

原子是物质中的最小微粒吗?

现在我们知道,物质是由十分微小的原子构成的。那么原子又是由什么构成的?原子是否就是最小的微粒了呢?答案是否定的。原子是由更小的"原子核"和绕核运动的电子构成的,原子核又是由"质子"和"中子"这两种微粒构成的。电子带负电荷,原子核中的质子则带有正电荷。当质子的数目与电子的数目相同时,整个原子看起来就和不带电的粒子没什么两样。但如果有电子调皮挣脱了原子核的约束,失去了部分电子的原子就会显出正电性了。对于硅材料中的硅原子来说,逃脱的电子留下的空位即为我们上节课中提到的"空穴"。

 思考与讨论

单晶硅棒的优点是品质优良,那么多晶硅锭的优点又是什么呢?

7 硅锭（硅棒）变身硅片

 想一想

上节课我们学习了硅锭和硅棒的一些属性，硅锭（硅棒）又硬又大，而且边缘质量较差，不能直接制作成太阳电池，所以必须经过再加工将硅锭（硅棒）切割成硅片后才能制作成太阳电池。那么究竟如何将硅锭（硅棒）切割成硅片呢？我们来探究一下吧。

我们先看一个生活中切割的例子。生活中我们都见过切胡萝卜、切土豆，如图 7-1、7-2 所示，得到胡萝卜片、土豆片，做成美味佳肴供人们享用。

图 7-1 切胡萝卜   图 7-2 切土豆

那么大家想想，硅片是不是也可以用小刀切割出来呢？很明显硅锭（硅棒）硬度太大，用小刀切割肯定是行不通的，如图 7-3 所示，必须使用更坚硬的利器去切割。硅片到底是怎样切出来的呢？让我们一探究竟吧！

图 7-3　菜刀崩刃

　　要想知道硅片是如何切割出来的，首先我们要了解切割原理。如图 7-4 所示，两个人用锯子锯木头，你拉我推，来来回回将木头锯断。

图 7-4　锯木头

　　硅片切割也同理，用一根钢线粘上锋利的金刚石颗粒，通过机器上的导轮带动钢线来回走线，使金刚石颗粒与硅充分接触从而进行摩擦切割。金刚线放大图能够清晰地看见金刚石颗粒黏敷在钢线上，如图 7-5 所示。

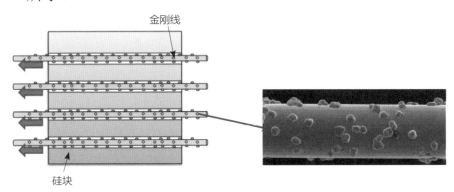

图 7-5　切割图及金刚线放大图

硅片

硅片目前主要有多晶硅片和单晶硅片。硅片是太阳电池制造工艺中的关键材料，主要经历两次切割得到。下面我们以多晶硅片切割为例来看一看，硅片是如何被切割出来的。

硅锭变身硅块

硅锭本身太大且边缘及头尾杂质太多，不能直接切割成硅片，需要先将硅锭切割成一个个小的硅块。看！一个个小硅块神奇地诞生了，如图 7 6 所示。

图 7-6　硅块整齐排列

为了得到质量更好的硅块，将头部和尾部不平且有缺陷的部分去除掉，并将表面打磨光滑，硅锭首次变身就完成了。

比较一下，观察硅块打磨前后有何不同。抛光前硅块表面粗糙，抛光后硅块表面光亮如镜子，如图 7-7、7-8 所示。

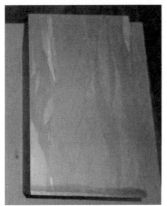
图 7-7 抛光前的硅块

图 7-8 抛光后的硅块

硅块变身硅片

为了一次性切出更多的硅片，一般采用多线切割工艺，也就是在两个导轮上缠绕上千根超细高强度切割线，使用多线切割机进行第二次切割。运用切割原理，使用钢线、水、冷却剂等耗材加工，高速运转几个小时后，硅片便切割完毕了。如图 7-9、7-10 所示。

单次能够切出上千片硅片，真神奇！

图 7-9 多线切割机

图 7-10 硅片切割完毕

切割完的硅片一个个整齐地排布在盒子里，队伍真壮观。每个硅片厚度180微米左右，像纸一样薄，而且随着切割技术的进步，硅片厚度会越来越薄，所以加工或搬运过程一定要小心谨慎。

用水洗去硅片表面的脏污就得到干净的硅片了。硅块二次变身完成，至此硅锭到硅片的旅程结束。如图7-11所示。

图7-11　多晶硅片变身过程

单晶硅片制作原理也一样，硅棒首先被切割成硅块，使用多线切割机再切割成硅片，经过水洗得到干净的单晶硅片。如图7-12所示。多晶硅片和单晶硅片为后续电池制作准备了充足的原材料。

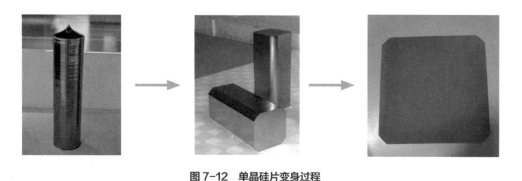

图7-12　单晶硅片变身过程

硅片加工方法有很多种，比如内圆切割、外圆切割、多线切割、

电火花切割等，目前行业内主要使用多线切割法。多线切割机俗称线锯，它源于查尔斯·豪瑟博士前沿性的研究和工作，多线切割技术由之前的游离模式逐步转变为现在的固结模式，即金刚线切割。近年来，部分企业如美国 1366 科技公司也在研究"直接法硅片（Direct Wafer）"技术，此技术与传统硅片制作工艺完全不同，直接从熔融的硅溶液中生长成硅片，可以大量节省硅成本，降低能源消耗。

思考与讨论

　　金刚线能轻易地将硅块切割成硅片，如果钢线上没有金刚石颗粒，或镀上玻璃颗粒，还能切割硅片吗？

8 太阳电池穿上新衣服

同学们都知道"齐天大圣"孙悟空，他火眼金睛，有七十二般变化，一路降妖除魔，与师弟们共同保护唐僧到西天拜佛求经。其实硅片也有"七十二般变化"，它可以"变化"成多种不同外观的太阳电池，如图 8-1 所示。那么硅片是怎样变化的，而且变化成的太阳电池又是怎样发电的呢？下面让我们以 P 型多晶太阳电池为例来学习一下吧！

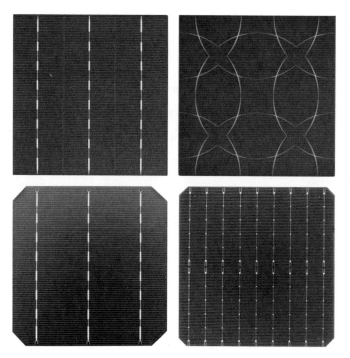

图 8-1 不一样的太阳电池

半导体硅的使命——发电

　　我们平时吃的零食有很多味道，比如甜味、咸味、辣味等，之所以有不同的味道，是因为它们中加了不同的调味料。

　　硅也是一样的，含有的杂质不同，类型也不同。前面我们已经学过了，在硅中掺入硼可形成 P 型半导体，内部空穴（正电荷）比较多，主要依靠空穴导电；掺入磷可形成 N 型半导体，内部自由电子（负电荷）比较多，主要依靠自由电子导电。当 P、N 两种类型的硅相接触时，在它们的接触面就形成了 PN 结。如图 8-2 所示。

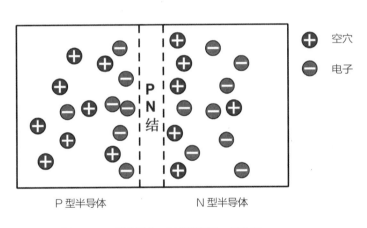

图 8-2　P 型半导体、N 型半导体、PN 结

　　P 型半导体和 N 型半导体像相邻的两栋房子，里面分别住着很多的空穴和电子，当它们刚刚成为邻居时，就会到对方家里做客，彼此成为很好的朋友。

　　当太阳光照射在这两栋房子上时，房子里暖洋洋的，空穴和电子就手拉手开心地跳起了舞。但是当它们到了 PN 结附近时就被一股力量分开。

图 8-3　分离的力量

空穴被分离到了 P 型半导体这边，电子被分离到 N 型半导体那边。最终，使 P 型半导体这边带正电，形成正极；N 型半导体那边带负电，形成负极。如图 8-4 所示。

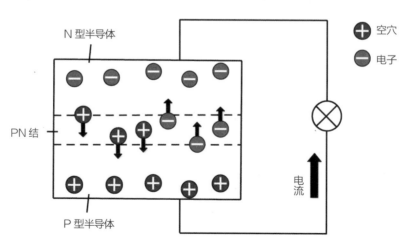

图 8-4　太阳电池发电原理

我们喝水用的玻璃杯很多含有硼,含有硼的玻璃更耐高温、耐磨损。

过去洗衣服用的洗衣粉有的就含有磷,磷能有效分解衣物中的脏污,但它也是一种富营养物质,流入江河湖海会使藻类大量滋生,致使水体缺氧,造成鱼、虾等水生生物死亡。现在的洗涤用品已经禁止添加磷了。

硅片变身太阳电池

掺入硼、磷后的硅片是可以发电的,但是还不能称为太阳电池。我们生活中常用的干电池,有了正、负极的金属部分,才可以将内部的电量传导出来。同样,我们需要在硅片的正、背表面印刷上金属电极,就是图8-5中右图的白色线条,用来收集电荷并导出。印刷的电极图案不同,太阳电池呈现出的外观也不同。

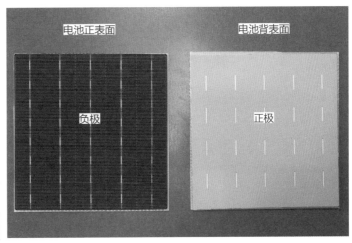

图8-5　干电池、太阳电池电极

将电池与外电路接通，只要一直有光照，就会源源不断地有电流流出。

这样就可以了吗？答案是否定的。

太阳电池是一种将太阳光能转化为电能的器件，我们当然希望它的发电量越多越好。如果太阳光很强或者电池的表面积很大，都能使太阳电池更多地吸收太阳光能，提升发电量。但是，太阳光的强弱我们无法控制，太阳电池也不能做到无限大。那怎么办呢？先看下面的图8-6。

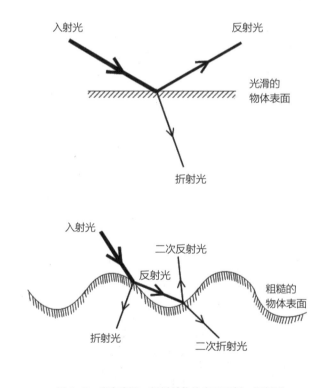

图8-6 光在光滑、粗糙的物体表面反射、折射图

在第一章我们学过，光照射到物体表面会发生反射、折射。若是在光滑平坦的表面，除了一小部分折射进物体（部分折射光被物体吸收），很大一部分反射掉了（损失的）；如果是粗糙表面，光经过反

射、折射，反射光照到相邻表面上再次发生反射和折射，经过多次，反射出的光就大大减少了，损失的少了，被物体吸收的就多了。

于是，我们就在硅片表面制造出凹凸不平的坑状结构来增大对光的吸收，提升发电量。图8-7就是在扫描电镜下太阳电池表面的形态。

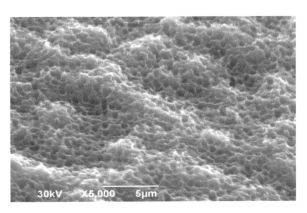

图8-7　扫描电镜下太阳电池表面形态

除此之外，还有别的方法提升发电量吗？当然有。

我们在电池表面覆上一层膜，这层膜可以起到不透潮气、防划伤的保护作用，就像书皮一样。当然，还有很重要的减反射作用，就是我们看到的电池蓝色部分，可以减少光的反射，增大光的吸收。如图8-8所示。

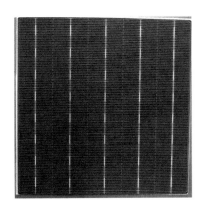

图8-8　覆有减反射膜的太阳电池

至此，就完成了由硅片到太阳电池的变身。

思考与讨论

太阳电池的尺寸能不能做到很大？

第三章
太阳电池变身
太阳电池组件

 导读

　　上一章我们学习了普通沙粒变成太阳电池的全过程。太阳电池是太阳能发电的核心部件，但是太阳电池又薄又脆，在我们应用太阳电池之前，还需要把它们连接起来封装在玻璃面板中。这种被封装在玻璃面板中受到保护的太阳电池叫作"太阳电池组件"，它是太阳能发电系统中最重要的部分，可吸收太阳光，将太阳能通过光电效应直接转化成电能。太阳电池怎样封装成太阳电池组件呢？保护太阳电池的材料有哪些呢？让我们和光能小卫士一起见证太阳电池组件的制作过程吧！

9　串在一起的"小火车"

太阳电池为什么要串成"小火车"?

在前面课程的学习中,我们认识了太阳电池。虽然,在阳光照射下身披蓝色外衣的太阳电池拥有发电的"超能力",但是,单片太阳电池无论面积大与小,它的输出电压仅为 0.5 伏左右,相当于 1 节普通干电池电压的三分之一,而且单片太阳电池发电能力非常微弱,还不能被我们利用。请同学们思考一下,有哪些方法能够让太阳电池输出更多的电能呢?

当多片太阳电池以串联的方式连接成"太阳电池串",太阳电池串就会具有较高的电压,能够输出更多的电能。太阳电池串就好像一列长长的火车,每片太阳电池就像一节运载电能的车厢,虽然电池串不能承载更多的乘客或货物,但是它可以输出更多的电能。如图 9-1 所示。

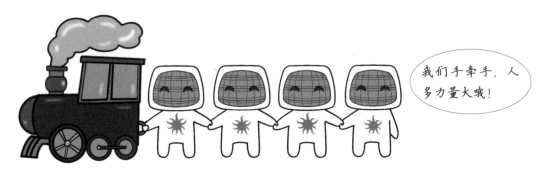

图 9-1　太阳电池串联成"小火车"

太阳电池的测试与分选

　　将单片太阳电池串联成太阳电池串之前，需要对太阳电池进行测试和分选。为什么要对太阳电池进行测试呢？原来，制作完成的太阳电池发电能力有强有弱，当发电能力差异较大的太阳电池串联成太阳电池串时，那片发电能力较弱的太阳电池会在"集体"中"拖后腿"哦！通常，我们采用电池片分选仪对太阳电池进行分类，将发电能力一致或相近的太阳电池分到一组，分选后的太阳电池按照一定数量进行密封包装，便于我们后期使用。如图 9-2 所示。

我们这些太阳电池的电能一样多，把我们放在一起吧！

图 9-2　太阳电池分选

 太阳电池的焊接

　　太阳电池串联成太阳电池串的步骤叫作"焊接"。想一想，怎样实现多片太阳电池的串联呢？

　　我们都非常熟悉干电池的串联，如图 9-3 所示，干电池的串联就是把电池的正极接到相邻一节电池的负极上，如果 1 节干电池的电压是 1.5 伏，则 6 节干电池的电压会是 9 伏，这样会得到更高的输出电压。

图 9-3 干电池的串联

相类似的，通过单片太阳电池的正极与相邻一片太阳电池的负极相连，同样可以实现太阳电池的串联，并获得更高的输出电压。在前面课程的学习中，我们认识了太阳电池的正极和负极。请大家想一想，怎样更好地实现太阳电池正极与相邻一片太阳电池负极更好地连接呢？很显然，如果将每一片太阳电池按顺序重叠在一起是不能实现太阳电池的串联的。假如这样操作，叠放在下面的太阳电池并不能更好地接受光照，而且相邻两片太阳电池的电极也无法良好接触。那让我们一起来学习一种实现太阳电池焊接的方法吧！

我们可以通过手工操作的方式实现太阳电池的焊接，本操作需要的材料和工具包括：多片太阳电池、导线、恒温电烙铁，如图 9-4、9-5 所示。

图 9-4 铜导线   图 9-5 恒温电烙铁

第一步是单片太阳电池的焊接。你还记得吗？在前面的学习中，我们了解到太阳电池正、背表面印刷有金属电极，且负极和正极由多条白色的金属线构成。接下来我们要学习的太阳电池焊接指的是金属电极与导线的焊接。首先，将恒温电烙铁连接电源，并设置温度为

350 ℃～ 380 ℃，安全放置在电烙铁台上后续备用。然后，选取表面清洁、发电能力相当的多片电池片，将多根导线放置在一片太阳电池的正面（负极），每一根导线与每一根正面电极位置对应，并用恒温电烙铁在设置温度下实现导线与太阳电池负极的连接。采用的导线为金属铜导线，长度约为太阳电池边长的 2 倍。如图 9-6 所示。按照上述操作，将每一片太阳电池的负极都与相应导线进行连接。

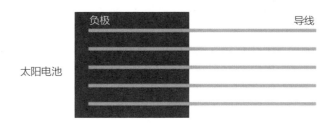

图 9-6　导线与太阳电池负极连接

第二步是将上述与导线连接的单片太阳电池串联成太阳电池串。与单片太阳电池负极连接的导线包括两段，一段导线已经与太阳电池负极相连，另一段导线需要与下一片太阳电池的背面（正极）连接，最终实现相邻两片太阳电池的正负极连接。重复此步骤多次，可实现多片太阳电池的串联，最终完成串联成太阳电池串的焊接操作。如图 9-7 所示。

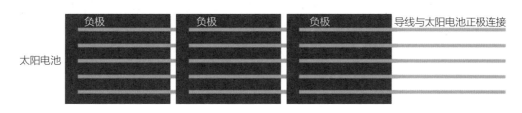

图 9-7　电池片串联示意图

采用手工操作的方式进行太阳电池串联真是太慢了！还有其他更

好的方式吗？当然，在人工智能的时代，我们还可以采用如图 9-8 所示的全自动焊接机实现太阳电池的串联。这种机器可以按照我们设定的程序对电池片进行正面和背面自动连续焊接，对导线实现自动裁切和放置，这样不仅可以提高电池片连接速度，还可以节省人力。连接好的太阳电池串，如图 9-9 所示。

图9-8　全自动焊接机

图9-9　太阳电池串

连接太阳电池的铜导线可以换成其他的材料吗？

10 会发电的"三明治"

 想一想

怎样保护太阳电池？

在前面的学习中，我们了解到单片太阳电池发电能力有限，因此需要将多片太阳电池串联成太阳电池串。那么，太阳电池串是否能够被直接使用呢？当然还不可以！太阳电池串虽然提高了发电能力，但是却又薄又脆，如果随意弯曲很容易碎裂，不便于搬运。因此，我们需要将太阳电池串制作成发电能力强、可靠性能高的太阳电池组件。如图 10-1 所示，太阳电池组件便可以适应紫外线、高温、高湿、大风、雷雨、积雪、冰雹等复杂的应用环境了。

图 10-1 太阳电池组件的应用环境

太阳电池串制作成太阳电池组件的方法类似照片覆膜及相框装裱。我们需要采用具有不同功能的材料将太阳电池串封装保护起来。保护太阳电池串的各层材料类似"三明治"结构，如图 10-2 所示，从上至下分别由玻璃、上层胶膜、太阳电池串、下层胶膜、背面盖板构成。下面，让我们一起来认识这些做成"三明治"的材料吧！

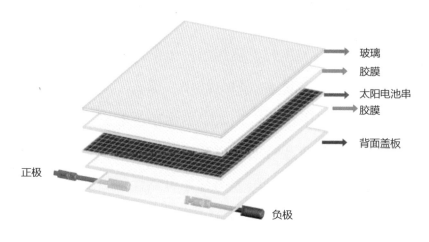

图 10-2 太阳电池组件的"三明治"结构

太阳电池组件封装材料

太阳电池串

太阳电池串位于"三明治"结构的中间层，它是太阳电池组件的发电核心，也是最需要保护的关键一层。它可以通过光电效应将吸收的太阳光能转化为电能，更好地发挥太阳电池的"超能力"。

玻璃

太阳电池组件采用的玻璃也叫"光伏玻璃"，位于"三明治"结构的最外层，厚度多为 3 毫米左右。它具有较高的透光性能，可以使太阳光更好地入射到电池表面。同时，光伏玻璃可以抵御如大风、积雪、冰雹、水汽腐蚀等恶劣环境对太阳电池的破坏。

背面盖板

背面盖板位于太阳电池组件的背面，直接与外界环境大面积接触，通常为玻璃或白色的复合胶膜，对太阳电池起到保护和支撑作用。背面盖板通常要具有良好的耐老化（湿气、高温、紫外线照射）、耐绝缘、耐水汽等性能。

胶膜

太阳电池组件的"三明治"结构中有两层胶膜，一层位于太阳电池和玻璃之间，一层位于太阳电池和背面盖板之间。胶膜可以将玻璃、电池片、背面盖板粘接为一体，具有较高的黏结强度，同时还具有较好的透光性能和绝缘性能。

"三明治"的铺设过程

第一步，将玻璃背面朝上放置在"三明治"的最下面。请仔细观察，玻璃的正面是光滑的，玻璃的背面是有布纹粗糙结构的哦！

第二步，放置一层胶膜。

第三步，放置太阳电池串。请仔细观察，太阳电池串的背面朝上哦！

第四步，放置另一层胶膜。

第五步，放置背面盖板。

这样，会发电的"三明治"就做好了。

同学们，请仔细观察老师手中的材料，你知道它们是"三明治"结构的哪一层吗？

11　穿上"超级铠甲"变身太阳电池组件

 想一想

发电的"三明治"变身太阳电池组件

在上一节的学习中，我们认识了太阳电池组件的"三明治"结构和层叠过程。想想看，会发电的"三明治"还需要怎样变身才可以被我们使用？接下来还需要什么样的操作呢？

"三明治"的层压

"三明治"的层压需使用一种非常关键的设备，叫作"层压机"。层压机是一种将多层材料压合在一起的机械设备，如图 11-1 所示。

图 11-1　光伏层压机

将铺设好的"三明治"放入层压机中，层压机便可以按照我们设置的操作程序开始工作啦！通过层压机的加热，"三明治"的胶膜熔化成胶，实现太阳电池串、玻璃和盖板更好的粘接。操作完成后我们将层压好的"三明治"取出，便完成了"太阳电池组件层压件"的制作。

安装边框

为了增加太阳电池组件的机械强度，接下来需为层压好的组件安装铝合金边框，如图11-2所示。边框周边涂上密封胶，可以更好地密封太阳电池组件，延长电池的使用寿命。边框上通常会有安装孔，便于太阳电池组件的后期安装。

图11-2　安装边框

引出正极和负极引线

在前面章节中，我们学习了太阳电池串焊接、材料铺设、层压、安装边框等步骤，我们的太阳电池组件越来越能抵抗环境风险了。但是，现在的太阳电池组件发电后还无法传输电能，因此我们需要对太阳电池组件引出一条正极引线和一条负极引线，便于太阳电池组件与其他组件或电气设备之间的连接，如图 11-3 所示。引出正极和负极的装置叫作"光伏接线盒"，通常用胶粘接在太阳电池组件的背面。

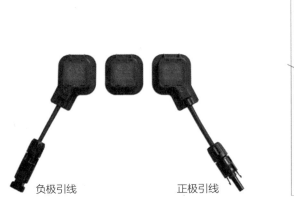
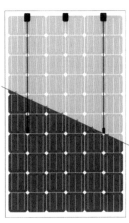

负极引线　　　　　正极引线

图 11-3　正、负极引出线

 太阳电池组件电性能测试

在我们的生活中，通常用功率表示家用电器消耗电能的快慢。同样，我们也用功率来评价太阳电池组件的发电能力。太阳电池组件经过电性能测试后，我们可以得知它的输出功率。比如，一块太阳电池组件经过仪器测试后输出功率是300瓦，另一块太阳电池组件是350瓦，

那么这块 350 瓦的太阳电池组件的发电能力就更强。太阳电池组件电性能测试完成后，我们需要为太阳电池组件贴上标签，做好电性能数据记录和存储，方便后期使用。

 思考与讨论

经过太阳电池串焊接、材料铺设、层压、安装边框、引出正极和负极引线、电性能测试等步骤，我们的太阳电池就穿上了"超级铠甲"，变身成为会发电的太阳电池组件啦！它可以应用在世界的各个角落。

同学们，在我们生活的周围，很多地方采用了太阳电池组件发电，你能找出它们用在了哪些领域吗？我们的太阳电池组件有哪些用途呢？

第四章
太阳电池组件的
逐日之旅

 导读

我们通过之前章节的学习，认识了太阳光的波粒二象性，掌握了光电转换原理，了解了太阳电池组件制造和发电的奥秘。随着太阳能发电技术的不断进步，太阳能发电产品也走进了我们的生活。例如，夜晚点缀在城市中的"太阳能路灯"，依靠太阳能驱动电机行驶的"太阳能电动车"，有"光"就有"电"的"太阳能充电宝"，既能遮阳又能发电的"太阳能停车场"，为广大居民提供电力的"太阳能屋顶"或"太阳能电站"，等等。那么，太阳电池组件是如何将电送到我们身边的？太阳电池组件还可以应用在哪些领域呢？让我们和光能小卫士一起开始神奇的逐日之旅吧！

12   太阳电池组件发电系统

想一想

通过前面的课程，我们学习了太阳电池组件的制作原理。那么，一块太阳电池组件一天能发多少电呢？发的电能直接用吗？接下来让我们和光能小卫士一起来了解一下太阳电池组件是如何将电送到我们身边的。

太阳电池组件的发电量

以一块额定功率为300瓦的太阳电池组件为例，如果安装在北京市，一天的发电量大约为1度电，能够给功率为5瓦的灯泡供电200小时，但如果给功率为1000瓦的大型设备供电，只能供电1小时。因此，通常把多块太阳电池组件集中安装在一起发电，这样可以产生更多的电量，发挥更大的作用。

太阳电池组件系统及部件

太阳电池组件系统是由太阳电池组件、逆变器、汇流箱、光伏支架、蓄电池、负载等相连组成的发电系统，如图12-1所示。

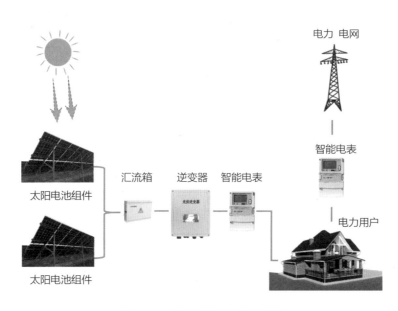

图 12-1 太阳电池组件系统示意图

通过前面课程的学习，我们了解到太阳电池组件是太阳电池组件系统的核心部件，但仅仅有太阳电池组件，电量也无法导出去，还需要其他部件的帮助。下面，我们跟着光能小卫士一起来认识一下太阳电池组件的几位好帮手吧！

逆变器

我们来认识太阳电池组件的第一位好帮手——逆变器，它可以把太阳电池组件产生的直流电转换成日常可用的交流电。

汇流箱

太阳电池组件的另外一个好帮手是汇流箱，它的主要作用是将所有的电流进行汇集。

光伏支架

光伏支架的主要作用是固定，太阳电池组件牢牢地固定在光伏支架上，不用担心被大风刮走。

太阳电池组件系统的分类

太阳电池组件系统按是否接入公共电网可分为并网型太阳能发电系统和离网型太阳能发电系统。

并网型太阳能发电系统是指将太阳电池组件输出的直流电转换为与电网电压同幅、同频、同相的交流电，实现与电网连接并向电网输送电能的太阳电池组件系统，主要由太阳电池组件、逆变器、汇流箱、线缆等组成。

离网型太阳能发电系统也叫独立型太阳能发电系统，是指太阳能发电系统不与公共电网连接的发电系统，典型特征为需要用蓄电池来储存白天所发电量，夜晚用蓄电池给负载供电，主要用于边远的乡村。主要由太阳电池组件、充放电控制器、蓄电池组、线缆等组成。

知识拓展

如果一个家庭一年的用电量为 4000 度，屋顶可以安装 5000 瓦至 8000 瓦的太阳电池组件系统，不仅可以满足自身全部使用光伏绿色电力的需要，剩余的电量还可以输送到国家电网中。

思考与讨论

大家讨论一下，我国哪些地区比较适合利用太阳能发电？

13　光能小卫士的陆地之旅

 想一想

通过前面的学习，我们了解到一块太阳电池组件的发电量是有限的，为了发出更多的电量，我们需要把很多太阳电池组件和他们的好帮手逆变器、光伏支架、汇流箱、线缆组装在一起。组装在一起的太阳电池组件系统又称为"太阳能电站"。根据不同的安装场景和应用模式，太阳能电站主要分为大型太阳能电站和分布式太阳能电站。两种不同应用模式的特点是什么呢？这些模式又可以衍生出哪些太阳能的其他应用呢？让我们和光能小卫士一起出发去看一看吧。

大型太阳能电站

大型太阳能电站一般安装在荒山、荒地和沙漠这样的闲置土地上，这些土地通常难以利用，甚至会被弃用，而太阳电池组件系统可以让这些闲置土地变废为宝。图 13-1 所示就是一座大型太阳能电站，位于我国某采煤沉陷区，这座太阳能电站的装机容量为 50 兆瓦，每年发电量 8000 万度，大约可以为城市中的 4 万个家庭提供 1 年的用电量。

图 13-1　大型太阳能电站

　　这种应用模式除了为我们提供电力，还能够促进当地环境改善。以沙漠电站为例，如图 13-2 所示，太阳电池组件可以遮光挡风，在减少水分蒸发的同时降低风速，形成防风、固沙、储水的良性循环，助沙漠变绿地，实现当地经济效益和环境保护的结合。

图 13-2　沙漠太阳能电站

分布式太阳能电站

　　分布式太阳能电站规模相对较小，通常安装在用电现场或附近，不仅可以布置在田野和村落，还可以应用在城市里的居民楼、工业厂房、学校、医院、车站等闲置的楼顶上，满足当地用户的用电需求。如图 13-3 所示。

图 13-3 分布式太阳能电站

分布式太阳能电站最常见的应用场景是"太阳能＋建筑"。通常把太阳电池组件系统安装在建筑的顶部或者侧面，如图 13-4 所示，太阳电池组件可以附着在建筑表面，也可以嵌入建筑墙体中，我们称之为太阳能发电建筑。这种应用场景的最大优势是不额外占用土地，并且可以将产生的电能就地消纳使用。

图 13-4 太阳能发电示范建筑

 太阳能在陆地上的其他应用

随着技术的进步，太阳能发电也从最早的大型太阳能电站，发展到今天多种多样的应用模式和应用场景，如"太阳能＋建筑""太阳能＋交通""太阳能＋农业"等应用场景，这些应用场景为太阳能发电的大范围普及和推广提供了无限可能。

太阳能充电桩是"太阳能＋交通"的应用场景之一，通常把太阳电池组件系统安装在停车场的顶部，如图 13-5 所示，太阳电池组件发的电力存储在充电桩的蓄电池内，为电动汽车提供源源不断的电力，这种清洁的供电方式帮助电动汽车实现了真正的零碳排放。

太阳能隔音墙是"太阳能｜交通"的另外一种应用场景，通常把太阳电池组件系统安装在公路、铁路的两侧，或安装在公园或工厂的围栏处，形成"会发电的隔音墙"，除了减弱噪声外，还实现发电的功能。如图 13-6 所示。

图 13-5　太阳能充电桩

图 13-6　太阳能隔音墙

太阳能灌溉系统是"太阳能＋农业"的应用场景之一，适用于农田、花圃和园林等处，这种灌溉系统利用太阳能供电来驱动水泵提水，既可以实现高效的灌溉作业，同时减少了灌溉系统的化石能源消耗，节能环保。如图13-7所示。

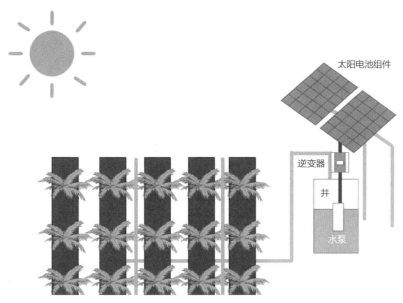

图13-7 太阳能灌溉系统

分布式太阳能电站有哪些优点呢？

分布式太阳能电站在日间的发电量最高，这个时段人们对电力的需求最大，因此分布式太阳能电站能够在一定程度上缓解白天用电紧张的状况；同时，分布式太阳能电站可实现电力的就地消纳使用，减少电力输送过程中的损耗。

大家思考一下，太阳能发电在陆地上还能有什么其他应用呢？

14　光能小卫士的水上之旅

想一想

前面我们了解了太阳能发电在陆地上的应用。除了陆地应用，太阳能发电在水上有哪些应用呢？让我们在光能小卫士的带领下一起去看一看，太阳电池组件系统如何在水上大显神通吧。

有趣的鱼塘

大家看看图 14-1，你们见过这样的鱼塘吗？

图 14-1　"渔光互补"电站

　　这个鱼塘的特点是把渔业养殖与太阳能发电相结合，在鱼塘水面上方架设太阳电池组件系统，太阳电池组件下方水域可以进行鱼虾养殖，形成"上可发电、下可养鱼"的发电新模式。这种模式被称为"渔光互补"。

　　"渔光互补"利用鱼塘水面或滩涂湿地，开创性地把太阳能和渔业这两个会占用大量土地资源的产业相结合，不仅节省土地，还能产出电能。同时，太阳电池组件具有遮阳效果，可降低水面温度、减少水分蒸发，还可以减弱水面植物光合作用，在一定程度抑制藻类的繁殖，提高水质，为鱼类提供一个良好的生长环境。

　　除了鱼塘，湖泊和大海等水域都可以安装太阳能发电系统。如图14-2所示。

图14-2　海上太阳能电站

 太阳能船

　　太阳能船是漂浮在海上的小型分布式太阳能电站，如图14-3所

示。海上光照资源丰富，可为太阳能船提供源源不断的绿色电力，大幅减少化石燃料消耗。

图14-3　太阳能船

太阳能漂浮农场

太阳能漂浮农场是将太阳电池组件系统安装在农场的顶部，如图14-4所示，也是"太阳能＋农业"的一种应用场景。得益于海面上良好的光照条件，农场所需电力可以完全由太阳电池组件产生的绿色电力供给。太阳能漂浮农场在节约土地资源的前提下，为沿海居民的

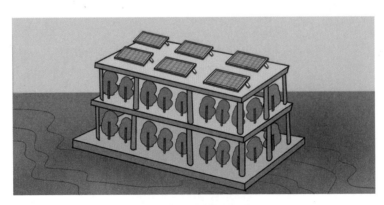

图14-4　太阳能漂浮农场

生活带来方便。同时，由于缩短了农产品运输距离，还能够减少交通污染。世界上第一座太阳能漂浮农场坐落于荷兰鹿特丹海港。

太阳能水体净化系统

太阳能水体净化系统是将太阳电池组件系统安装在水体净化系统中，如图 14-5 所示。水体净化系统通常应用于河道、湖泊和海洋，不便铺设电线电缆，太阳电池组件系统可以给水体净化系统提供电力，不仅净化水体，还具有安全、清洁、低碳的特点。

图 14-5　太阳能水体净化系统

太阳能在水上的其他应用

太阳能浮动码头是将太阳电池组件系统安装在靠近码头的位置，利用太阳电池组件发电来解决码头附近的供电问题。如图 14-6 所示。太阳能浮动码头具有可移动和方便拆卸等特点，不仅便于后期维护，而且实现了资源的循环利用。

图 14-6　太阳能浮动码头

　　太阳能水文水利监测系统是将太阳电池组件系统安装在水文水利监测系统中，如图 14-7 所示。太阳能水文水利监测系统可对江河湖泊的水体参数进行实时监控回传，提高相关部门测量、分析以及预警的效率。其中，太阳能供电的方式可以提高设备的续航能力，也可以避免长距离铺设电线电缆。

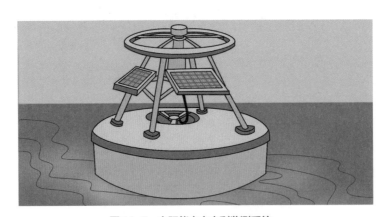

图 14-7　太阳能水文水利监测系统

 思考与讨论

　　大家思考一下，太阳能发电在水上还能有什么其他应用呢？

15　光能小卫士的太空之旅

 想一想

晴天时，太阳电池组件吸收太阳光并将太阳能转化为电能，如图 15-1 所示。同学们有没有想过，阴雨天的时候，乌云遮住了太阳，如图 15-2 所示，太阳电池组件还能发电吗？

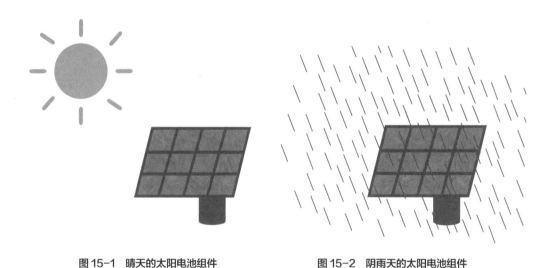

图 15-1　晴天的太阳电池组件　　　　　图 15-2　阴雨天的太阳电池组件

如果把太阳电池组件安装到云层的上面，是不是就可以不受阴雨天的影响了？带着这个疑问，我们今天跟着光能小卫士一起到太空去旅行，看看有什么奇迹出现！

太空太阳能电站

同学们看到，在太空中，太阳电池组件安装在了载人飞船、空间站、人造卫星上面，如图 15-3、15-4 所示，好神气呢！

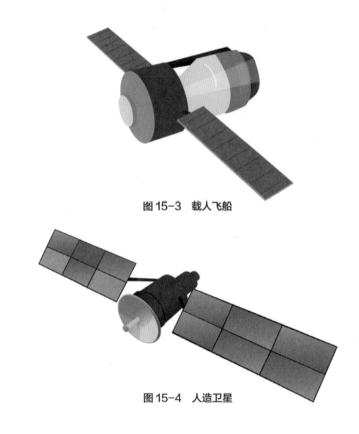

图 15-3　载人飞船

图 15-4　人造卫星

太阳电池组件安装在地面上，我们称之为"地面太阳能电站"；太阳电池组件安装在水面上，我们称之为"水上太阳能电站"；太阳电池组件安装在太空中，我们怎么称呼它呢？我们称之为"太空太阳能电站"，如图 15-5 所示。

太空太阳能电站主要包括太阳能发电装置、能量转换和发射装置，

图15-5 太空太阳能电站

及地面相应配套的接收和转换装置。其中发电装置的核心部件就是太阳电池组件，可以安装在人造卫星、宇宙飞船、空间站等航天器上提供电力。有些是将太阳电池组件贴在航天器的表面，有些则是贴在航天器的翼板上，这种翼板好像是航天器向两侧伸出的一对"翅膀"，翅膀面积越大，贴的太阳电池组件越多，产生的电量就越大。

太空太阳能电站产生的电能有多种用途：可以直接给航天器提供电能，保障航天器在太空中的正常工作；还可以通过微波或激光束等无线传输方式把能量传回地球，并入全国供电网，供我们日常用电。

我们知道，由于昼夜的交替，地球上大多数地方一年中只有一半的时间有太阳照射，而且日照程度与时间、天气变化密切相关，因此在地球上建立的地面太阳能电站会受到天气和环境的影响。而太空太阳能电站最大的特点是不受地面环境诸如季节、昼夜交替、天气变化

和灰尘影响，在太空中直接收集太阳光照，可以使太阳电池组件始终面向太阳，这样太空太阳能电站可以每天 24 小时向地面接收设备输电，所以太空太阳能电站与相同大小的地面太阳能电站相比较，发电量要高出很多。

图 15-6　地球上的太阳　　　　　　　　　图 15-7　太空中的太阳

太空太阳能电站的其他应用

太空太阳能电站产生的电能用途广泛，与我们的生活密不可分。比如，给通信卫星供电，可以把信号传送到地球，为我们使用的手机、电视等电子设备提供信号；为气象卫星供电，可监测未来几天的天气变化，使我们可以提前了解天气情况，预防飓风等自然灾害；为导航卫星供电，可以提供数据生成导航地图，为飞机航线进行空间定位，为陆地行驶的汽车进行引导；为地球观测卫星供电，可以监测地球表面海洋和陆地的情况，如图 15-8 所示，定期给地球拍照片，通过这些珍贵的照片，我们能发现好多地球的奥秘。

图15-8 地球照片

太空太阳能电站面临的难题

我们知道了太空太阳能电站的优势，但其中也存在很多难题：首先，太空中会有陨石坠落和太空垃圾，所以太阳电池组件要足够坚强，需要用强度更高、性能更好的原材料制作而成；其次，太阳电池组件由于重量大，不方便运到太空中，因此一些科学家在研究使用3D（三维）打印技术直接在太空生产太阳电池组件；再次，随着太空太阳能电站规模越大发电量越大，我们需要研究更先进、更快速的传输系统，让电量传到地球。

国际上许多科学家都在研究如何解决这些难题，我们国家在2018年已经建立了首个"空间太阳能电站实验基地"，该基地重点

进行空间太阳能电站重大难题的研究。同学们，未来还有更多的科学问题等待我们去解决，我们好好学习文化知识，将来做一名研究太阳能利用的科学家，为我国太阳能事业的发展贡献自己的智慧吧！

思考与讨论

除了我们学到的、看到的关于太阳电池组件的应用之外，你们觉得太阳电池组件还可以运用在什么地方？生活中，同学们在哪些地方见过太阳能电站呢？

16　太阳电池的"小"应用

 **想一想**

前面我们学习了地面太阳能电站、水上太阳能电站和太空太阳能电站，太阳能发电在我们的日常生活中还有哪些应用呢？

太阳能产品应用

当前，太阳能发电已得到广泛应用，大到大型太阳能电站的建设，小到我们生活的方方面面，如太阳能路灯、太阳能草坪灯、太阳能手电筒、太阳能充电宝、太阳能台灯等。太阳能发电已运用在电力缺乏地区、用电不方便的偏远地区、沙漠、海岛和农村等地，用以解决用电困难的问题。

图 16-1 中的太阳能应用产品，是由太阳电池组件、蓄电池、开关装置组成。太阳光照射在太阳电池组件上，太阳电池组件吸收太阳光，并将吸收的光能转化成电能存储在蓄电池内，使用的时候打开开关，存储在蓄电池里的电就可以使用了。

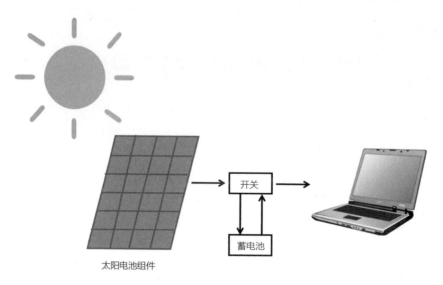

太阳电池组件

图 16-1 有蓄电池的太阳能发电产品

又如，生活中经常使用的太阳能手电筒，如图 16-2 所示，其"身上"镶嵌有太阳电池组件。太阳光照射时，由太阳电池组件给蓄电池充电，当我们要使用手电筒时，打开开关，蓄电池给手电筒供电，使太阳能手电筒亮起来。

现在同学们了解了太阳能手电筒是如何发电的，那同学们来说一说如图 16-3 所示的太阳能充电器又是如何发电的呢？

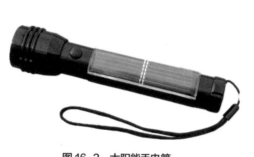

图 16-2　太阳能手电筒

图 16-3　太阳能充电器

除带蓄电池的太阳能发电产品外，还有不带蓄电池的太阳能发电产品。这类太阳能发电产品的设计比较简单，太阳光照射在太阳电池组件上时，太阳电池组件吸收太阳光直接发电，当没有太阳光照射时则不工作。例如，图16-4中的小飞机，机翼上布满太阳电池组件，当太阳光照射在太阳电池组件上时，小飞机的螺旋桨会快速转动；当太阳电池组件离开阳光的照射，小飞机的螺旋桨便停止转动。

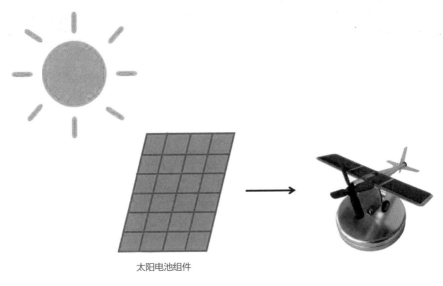

太阳电池组件

图16-4 不带蓄电池的太阳能发电产品

思考与讨论

图16-5、16-6、16-7展示了我们常见的太阳能小产品，它们利用太阳电池组件发电，既可以节约能源，又可以避免干电池产生的污染。太阳能发电产品具有绿色环保、方便携带、功能实用的特点，相对于传统的产品，更适用于出差、旅游、野外作业和电力缺乏的偏远地区等。

请大家观察这些太阳能小产品，你们能否看出太阳电池组件装在了哪些地方？大家还见过其他的太阳能产品吗？

图16-5　太阳能收音机

图16-6　太阳能台灯

图16-7　太阳能野营灯

 实验展示

 随堂实验：制作太阳能风扇

首先，认识实验所需要的材料，如图16-8所示。

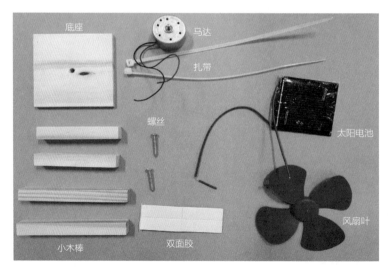

图16-8　实验材料

　　然后，安装太阳能风扇。用双面胶将底座和木棒固定好，将马达和太阳电池进行连接，再将底座、支架、马达、太阳电池安装在一起，之后安装风扇叶，如图 16-9 所示。这样，太阳能风扇就制作完成啦。

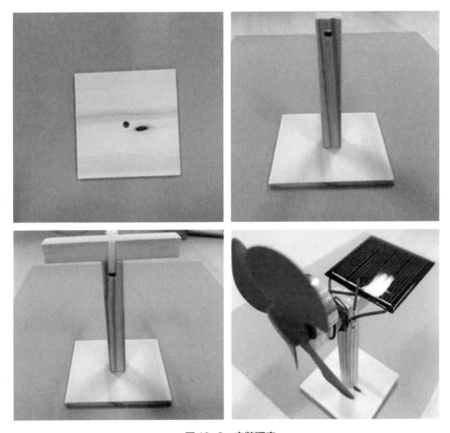

图 16-9　安装顺序

思考与讨论

　　将制作好的太阳能风扇放到有太阳光的地方，用纸挡在太阳能风扇的电池上方，请大家观察小风扇有什么变化。